Christin Pinnecke

Das Klima der Tropen

GRIN Verlag

Bibliografische Information der Deutschen Nationalbibliothek:

Die Deutsche Bibliothek verzeichnet diese Publikation in der Deutschen National-
bibliografie; detaillierte bibliografische Daten sind im Internet über http://dnb.d-
nb.de/ abrufbar.

Impressum:

Copyright © 2012 GRIN Verlag GmbH
Druck und Bindung: Books on Demand GmbH, Norderstedt Germany
ISBN: 978-3-656-39333-7

Dieses Buch bei GRIN:

http://www.grin.com/de/e-book/211376/das-klima-der-tropen

GRIN - Your knowledge has value

Der GRIN Verlag publiziert seit 1998 wissenschaftliche Arbeiten von Studenten,
Hochschullehrern und anderen Akademikern als eBook und gedrucktes Buch. Die
Verlagswebsite www.grin.com ist die ideale Plattform zur Veröffentlichung von
Hausarbeiten, Abschlussarbeiten, wissenschaftlichen Aufsätzen, Dissertationen
und Fachbüchern.

Besuchen Sie uns im Internet:

http://www.grin.com/

http://www.facebook.com/grincom

http://www.twitter.com/grin_com

Geographisches Institut der

Justus-Liebig-Universität Gießen

Das Klima in den Tropen

Hausarbeit

vorgelegt von

Christin Pinnecke

Gießen, 06. November 2011

Inhaltsverzeichnis

1. Was ist das Klima?

Bevor tiefer auf das Klima der Tropen eingegangen werden kann, muss zuerst der Begriff „Klima" näher bestimmt werden. Es gibt dutzende von Begriffsdefinitionen. Diese Vielfalt existiert aufgrund der verschiedenen Betrachtungsweisen des Klimas. So definierte Alexander von Humboldt 1817 „Der Ausdruck Klima bezeichnet in seinem allgemeinen Sinne alle Veränderungen in der Atmosphäre, die unsere Organe merklich affizieren ..." (WEISCHET/ENDLICHER 2008, S. 15).

Diese Definition ist sehr weitgefasst, da weder eine zeitliche noch räumliche Komponente mit einbezogen wurde. Aufgrund dessen wird der Begriff Klima in dieser Hausarbeit auf der Grundlage der Definition von Prof. Jürg Luterbacher, PhD, basieren. In seiner Klimatologievorlesung vom 22.10.2010 gab er an, dass „[d]as Klima [...] die für einen Ort geltende Zusammenfassung der meteorologischen Zustände und Vorgänge während einer Zeit, die lang genug sein muss, um alle für diesen Ort bezeichnenden atmosphärischen Vorkommnisse in charakteristischer Häufigkeitsverteilung zu erhalten [, ist] → Statistik des Wetters" (LUTERBACHER 2010). Diese Definition ist weitreichender und es wird explizit daraufhin gewiesen, dass sowohl die zeitliche Verteilung, als auch der festgelegter Ort zur korrekten Bestimmung des Klimas notwendig sind.

2. Klimaklassifikationen

Die Bestimmung des Klimas erfolgt immer mit Hilfe von Klimaklassifikationen. Außerdem dienen sie auch der Abgrenzung von einzelnen Klimazonen. Genauso wie der Begriff Klima im Laufe der Zeit immer wieder neu angepasst wurde, so wurden auch die Klassifikationen verändert und angepasst. Dies geschieht aufgrund dessen, dass sich „[d]as System einer Klassifikation [...] sich nach den Zielen, die man damit verfolgt [richtet]" (REHM/LAUER 1986, S. 36).

Die unterschiedlichen Ansätze werden zwischen der genetischen Klimaklassifikation, der effektiven Klimaklassifikation und der Ökophysiologischen Klimaklassifikation unterschieden. Diese Unterscheidung beruht auf der unterschiedlichen Betrachtungsweise. So wird in der genetischen Klimaklassifikation von Hermann Flohn und Ernst Neef die globale atmosphärische Zirkulation betrachtet und vermerkt. Dies beinhaltet die unterschiedlichsten globalen Passate, Hochdruck- und Tiefdruckgürtel und Windzonen.

Abb. 1:   Klimakarte nach Neef

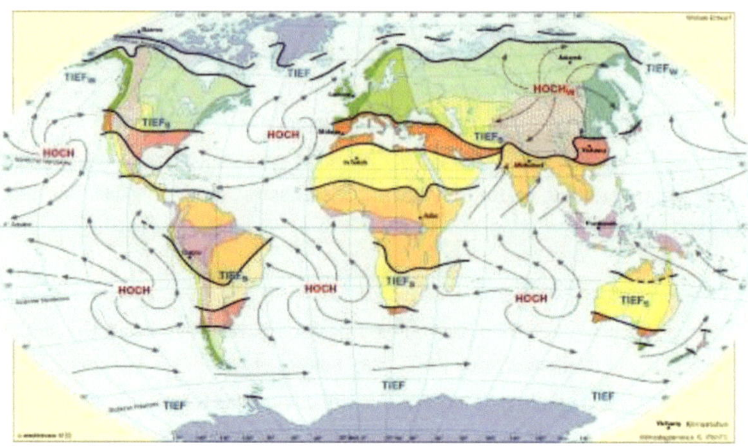

Quelle: Neef (1989)

Bei der effektiven Klimaklassifikation liegt das Hauptaugenmerk vor allem auf den Vegetationszonen, Temperaturen und den Niederschlagswerten. Es existieren unterschiedliche Ansätze dieser Klassifikation. Zu einem entwickeltem Wladimir Köppen und darauf aufbauend Rudolf Geiger eine Klimakarte, die insbesondere in der Klimatologie Anwendung findet.

Abb. 2:   Klimakarte nach Köppen/Geiger

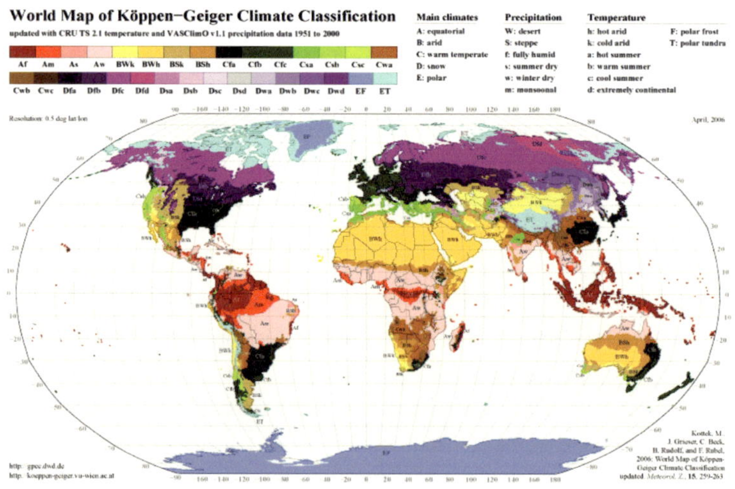

Quelle: Kottek/Beck/Rudolf/Rubel/Griesser (2006)

Zudem beschäftigten sich Carl Troll und Karlheinz Paffen mit der Systematisierung der Klimazonen, die vorwiegend in der Ökologie verwendet wird.

Eine Verbindung von der genetischen und effektiven Klimaklassifikation erstellten Wilhelm Lauer, Peter Frankenberg und Daut Rafiqpoor. Dort werden sowohl die globale atmosphärische Zirkulation als auch die Vegetationszonen, Temperaturen und Niederschlagswerte berücksichtig. Es gibt somit mehrere Faktoren, die das Klima bestimmen. In dieser Hausarbeit wird ausschließlich auf das Passatische Zirkulationssystem und die Niederschlagsverteilung eingegangen. Die Monsune werden als Besonderheit der eben genannten Faktoren ebenfalls erklärt.

3. Passatische Zirkulationssystem

Das Gebiet der Tropen befindet sich zwischen den nördlichen und südlichen Wendekreisen. Dort findet eine gleichmäßig starke Sonneneinstrahlung statt. Dies hat zur Folge, dass die überschüssige Wärmeenergie in Form von Luftmassen einen kontinuierlichen Transport erfährt (GOUDIE 2002, S. 223 f.). Auf der nachfolgenden Abbildung ist dieser Transport als das Passatische Zirkulationssystem schematisch dargestellt.

Abb. 3:   Das Passatische Zirkulationssystem

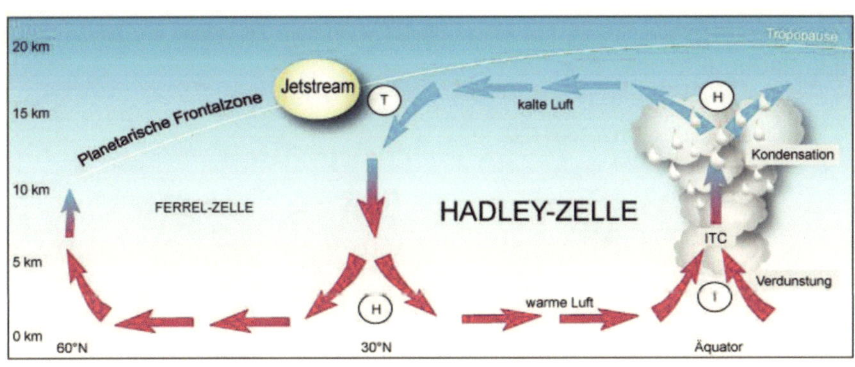

Quelle: Luterbacher (2010)

Die Luft am Äquator wird von der Sonne erwärmt und steigt auf. An Bodennähe bildet sich ein Tiefdruckgebiet, die Tiefdruckrinne, und in der Höhe entsteht ein Hochdruckgebiet. Die warme Luft kühlt sich in der oberen Atmosphäre ab und aus dem kondensierten Wasser bilden sich Wolken. Aus diesen Wolken geht zumeist ein sehr starker Niederschlag, der auch als Zenitalregen bezeichnet wird. Die ausgekühlte Luft entweicht nach Norden und Süden. An den 30sten Breitengraden erwärmt sie sich zusehends und sinkt wieder ab. Am Boden entstehen nun große Hochdruckgebiete. Diese werden auch als subtropische Hochdruckzellen oder Rossbreiten bezeichnet (LEMKE 2010, S. 338). Die Tiefdruckrinne in Äquatornähe „saugt" die warme Luft aus den 30sten Breitgraden wieder an. Die Luftmassen „fließen" sozusagen horizontal aus dem Norden und Süden heran. Dabei wird die Luft wieder stark erwärmt und steigt am Äquator wieder auf. Die aus dieser Zirkulation entstehender Kreislauf wird auch als „Hadley-Zelle" bezeichnet. Die aus dem Norden und Süden „nachfließenden" Winde werden von der Corioliskraft abgelenkt. Die daraus entstehenden Passate werden nach der Herkunft ihrer Windrichtung benannt. Der Passat auf der Nordhalbkugel ist demnach der Nordostpassat und der Passat auf der Südhalbkugel ist somit der Südostpassat (SCHÖNWIESE 2008, S. 165 f.).

4. Inter Tropic Convergence

Die Inter Tropic Convergence, auch innertropische Konvergenzzone (ITCZ oder ITC) ist eine Tiefdruckrinne in Äquatornähe. Diese Tiefdruckrinne kann auch als thermischer Äquator bezeichnet werden, da das der Ort mit der steilsten Sonneneinstrahlung auf unseren Planeten ist (GLASER/ HAUTER/ FAUST/ GLAWION/ SAURER/ SCHULTE/ SUDHAUS 2010, 84). Sie ist ein Teil des Passatischen Zirkulationssystems, die sich, mit einer Verzögerung von circa einem Monat, nach dem Zenitstand der Sonne ausrichtet (BORCHERT 1993, S. 98 – 99).

Abb. 4:   Der Verlauf des ITC

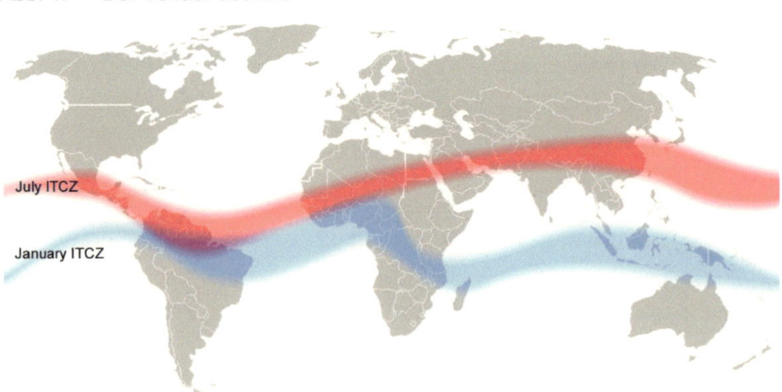

Quelle: Halldin (2006)

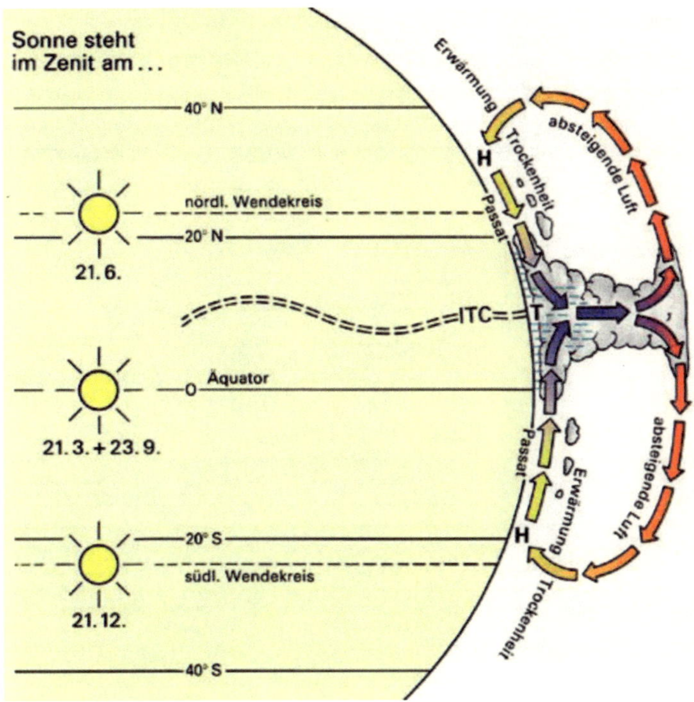

Quelle: Hilbrich (2006)

Als Zenit wird die Situation beschrieben, wenn der Einfallsstrahl der Sonne auf einen Punkt der Erde einen Einfallswinkel von 0° Grad hat. Der Zenit bewegt sich im Laufe eines Jahres zwischen dem 23sten Breitengraden in Äquatornähe. Nur am 21. März und am 23. September steht die Sonne direkt über dem Äquator im Zenit (WEISCHET (ENDLICHER 2008, S. 29 – 30).

5. Niederschlagsverhältnisse

Das hygrische Klima variiert sehr stark in den Tropen. Es existieren Gebiete, in denen es das ganze Jahr über dauerfeucht ist und es gibt Orte, an denen es fast nie regnet. Aus diesem Grund sind die Niederschlagsverhältnisse wichtig für die Unterteilung der Tropen. Dabei werden zu einem die Niederschlagsintensität und zum anderen Niederschlagsverteilung genauestens betrachtet. Dabei erkennt man insbesondere den

Wechsel von Regen- und Trockenzeiten, die sehr charakteristisch für die Tropen sind (SCHOLZ 1998, S. 23).

5.1. Niederschlagsverteilung

Die nachfolgende Abbildung zeigt eine genaue Auflistung der Niederschlagsverteilung in den Tropen.

Abb. 6: Die Zonierung der Tropen

Zonierung der Tropen

Ungefähre Lage im Gradnetz	hygrisches Klima		Jahres-niederschlag	Anzahl der humiden Monate	Vegetations-formation
a 0° - 5°	humid (feucht)	vollhumid (dauerfeucht)	> 1.500 mm	9 -12	Regenwald
b 5° -10°	humid (feucht)	semihumid (wechselfeucht)	1.000 - 1.500 mm	6 - 9	Feuchtsavanne
			------- klimatische Trockengrenze -------		
c 10° -15°		semiarid	500 - 1.000 mm	3 - 6	Trockensavanne
			------- agronomische Trockengrenze -------		
d 15° -20°	arid (trocken)	arid	200 - 500 mm	0 - 3	Dornstrauchsavanne
e 20° -23°		vollarid	< 200 mm	0	Halbwüste und Wüste

------- Grenze der Tropen: Jahreszeitl. Temperaturschwankungen = Tagesschwankungen -------

Quelle: Scholz (2011) (verändert)

In Verbindung mit der nachfolgenden Abbildung, die eine schematische Darstellung des Gradnetzes der Erde zeigt, kann die Niederschlagsverteilung der entsprechenden Räumlichkeiten zugeordnet werden.

Abb. 7: Das vereinfachte Gradnetz der Erde

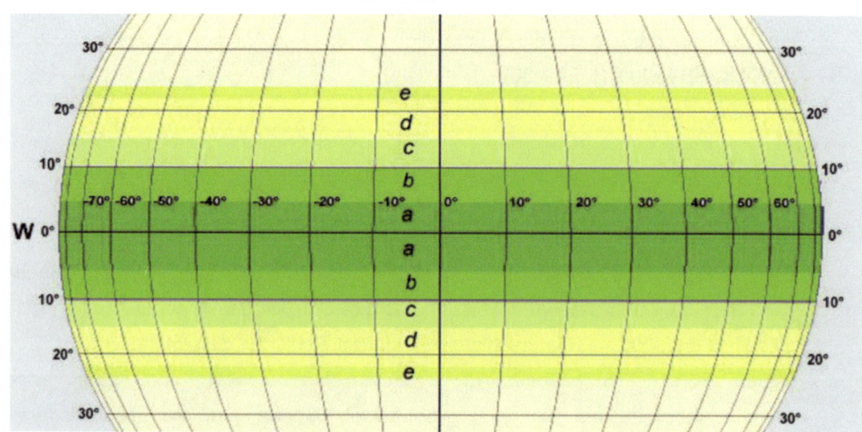

Quelle: Eigene Darstellung (2011)

Der dunkelgrüne Bereich mit dem Buchstaben *a* gekennzeichnet umfasst den den Äquator bis zum 5. Gradnetz. Dieses Gebiet ist mit einer Niederschlagsverteilung von mehr als 1.500 mm pro Jahr und einer positiven Wasserbilanz vollhumid und bezeichnet die dauerfeuchten Tropen. Der nächste hellere grüne Bereich umfasst den 5. bis 10. Breitengrad und wurde mit einem *b* gekennzeichnet. Die Niederschlagsverteilung befindet sich zwischen 1.000 und 1.500 mm pro Jahr. Auch hier herrscht eine positive Wasserbilanz. Aufgrund dessen werden diese Breiten auch semihumid genannt. Weiter nördlich und südlich folgen mit dem 10. bis 15. Breitengrad die semiariden Gebiete, markiert mit *c*. In denen die Wasserbilanz mit 3 bis 6 humiden Monaten nicht mehr positiv ist. Diese Breiten markieren die klimatische Trockengrenze, dass heißt dass dies die Trockentropen sind. Darauf folgen in den 15. bis 20. Breiten die ariden und in den 20. bis 23. Breiten die vollariden Gebiete. Die Wasserbilanz ist negativ, da der Niederschlag geringer als die Verdunstung ist. Diese Bereiche werden auf dem Gradnetz in Gelbtönen dargestellt (LAUER 2006, S. 144 – 146).

5.2.   Niederschlagsintensität

Genauso wie die Niederschlagsverteilung variiert auch die Niederschlagsintensität. Da wird vor allem zwischen dem Vorhandensein von Regen- und Trockenzeiten unterschieden. In den feuchten Tropen gibt es jeden Tag kurze und ergiebige Niederschläge. Ein Wechsel zwischen Trocken- und Regenzeiten wird nicht vermerkt. An den Rändern der Tropen hingegen sind Trocken- und Regenperiode sehr stark ausgeprägt. Sie sind abhängig von den Jahreszeiten und von dem Verlauf des ITC.

Abb. 8:   Die globalen Niederschlagsverhältnisse

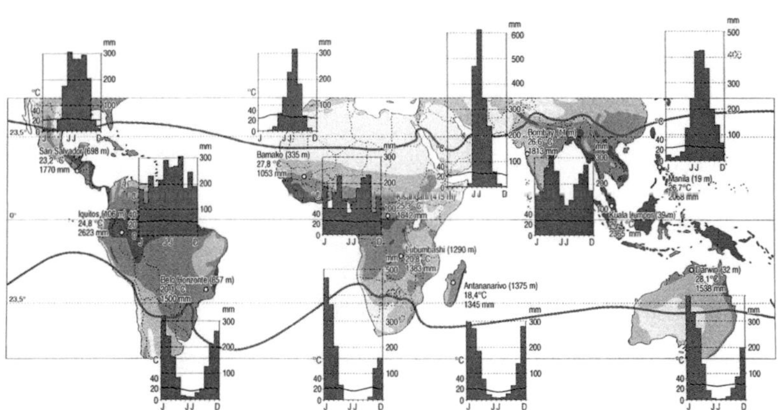

Quelle: Scholz (1998)

Auf der vorherigen Abbildung ist zu erkennen, dass in den Gebieten am Äquator die Niederschlagsverteilung und –intensität relativ gleichmäßig ist. Wohingegen an den Rändern der Tropen ausgesprochen stark ausgeprägte Regenperioden existieren. Während auf der Nordhalbkugel in den Sommermonaten ein enormes Niederschlagsmaximum vorherrscht, befinden sich die Gebiete auf der südlichen Halbkugel in einer Trockenphase. Dies ändert sich jedoch im Verlauf des Jahres. Befindet sich die Südhalbkugel im meteorologischen Sommer fallen auch hier starke Regenfälle. Es lässt sich auf dieser Abbildung sehr gut erkennen, dass der Wechsel zwischen Regen- und Trockenperioden an den Verlauf des ITC und somit an den Verlauf der Sonne gekoppelt ist. Die dunklen Linien markieren jedoch nicht den Verlauf des ITC oder Sonne, sondern sie grenzen den Bereich der Tropen räumlich ein (SCHOLZ 1998, S. 23 -28).

6. Feuchttropen & Trockentropen

Die Unterscheidung der Trocken- und Feuchttropen basiert aufgrund der Niederschlagsverteilung und -intensität. So weisen die Feuchttropen eine positive jährliche Wasserbilanz auf und die Trockentropen eine negative jährliche Wasserbilanz. In den Trockentropen gibt es somit mehr aride Monate, in den Feuchttropen mehr humide Monate. Eine starke Ausprägung von Regen- und Trockenzeiten gibt es nur in den Trockentropen. Demnach ist die Niederschlagsverteilung und –intensität dort sehr ungleichmäßig (SCHOLZ 1988, S. 37 – 40).

Tab. 1:   Unterscheidung zwischen Feuchttropen & Trockentropen

Feuchttropen	Trockentropen
positive jährliche Wasserbilanz	negative jährliche Wasserbilanz
mehr humide Monate	mehr aride Monate
geringe Ausprägung von Regen- und Trockenzeiten	starke Ausprägung von Regen- und Trockenzeiten
gleichmäßige Niederschlagsverteilung	ungleichmäßige Niederschlagsverteilung
gleichmäßige Niederschlagsintensität	ungleichmäßige Niederschlagsintensität

Quelle: Eigene Darstellung (2011)

7. Monsune

Das komplexe Phänomen der Monsune soll in diesem Abschnitt kurz anhand des indischen Monsuns erläutert werden. Monsune stehen im direkten Zusammenhang mit dem Sonnenzyklus, demnach auch mit dem ITC (PFLUG 2010, S. 34). Sie sind somit das Ergebnis der „wandernden" Passatzirkulation, stehen dennoch als eigenständige Erscheinung. Charakteristisch für den indischen Monsun sind die feuchten Sommermonate und die trockenen Wintermonate. Auch erkennt man an diesem Phänomen aufgrund des Himalayas den starken Einfluss von Faktoren wie die Luv- und Leeseiten von Bergen. Aufgrund dessen, das sich Landmassen schneller erwärmen, verlagert sich die ITC in den Sommermonaten nördlich vom Äquator über dem Hochland von Tibet. Der Südostpassat überschreitet wegen der Verlagerung den Äquator und wird von der Corioliskraft abgelenkt. Aufgrund dessen ändert sich die Herkunftsrichtung des Südostpassates und er wird zum Südwestpassat. Auf seinem Weg über den Indischen Ozean saugen sich die warmen Luftmassen mit viel Feuchtigkeit voll. An der Luvseite des Himalayas regnen sich die Windmassen in Form des Monsunregens über Indien und weiten Teilen Südostasien ab (BANERJEE/STÖBER 2009, S. 54). Dabei kommt es zu starken Überschwemmungen, die für die Landwirtschaft dringend notwendig sind. Ist der Monsunregen zu schwach ausgeprägt, leiden die betroffenen Gebiete unter Dürre. Wenn jedoch der Monsunregen zu stark ausgeprägt ist, sind die Überschwemmungen für die Bevölkerung in diesen Gebieten katastrophal. Diese Situation herrscht derzeit in Südostasien. Die Überschwemmungen sind so extrem, dass bereits vielen Menschen starben und der Notstand ausgerufen wurde.

Abb. 9:　　Verlauf des indischen Monsuns

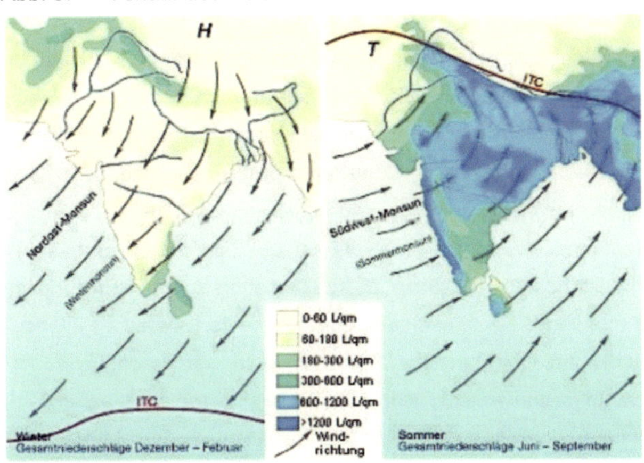

Quelle: Reitzki/Forkel (2006)

8. Zusammenfassung

Das Klima in den Tropen ist sehr vielseitig und muss durchaus sehr differenziert betrachtet werden. So spielen viele Komponenten, wie der globale Strahlungshaushalt, das Passatische Zirkulationssystem, die Temperaturen und die Niederschlagsverhältnisse, eine tragende Rolle. Ferner muss auch in den einzelnen Faktoren sehr genau unterschieden werden. Das Passatische Zirkulationssystem, dass ausschlaggebend für die warmen, feuchten und kalten, trockenen Winde ist, hängt von dem globalen Strahlungshaushalt ab. Das heißt, dass die direkte und indirekte Sonneneinstrahlung solch ein Zirkulationssystem erst ermöglicht. Des Weiteren sind die Niederschlagsverhältnisse besonders genau zu betrachten, da sie ausschlaggebend für die Unterteilung zwischen Trockentropen und Feuchttropen sind. Dieser Fakt ist besonders für die Land- und Forstwirtschaft, als auch für den Tourismus wichtig. So werden Touristen im Juli in Indien aufgrund des Monsunregens sehr enttäuscht von ihrem Urlaub sein. Auch atmosphärische Besonderheiten, wie der Monsun, sind Phänomene, die so intensiv betrachtet werden können, dass alleine damit ganze Bücher zu füllen sind. Kurzum konnte diese Hausarbeit nur einen oberflächlichen Eindruck über das Klima in den Tropen geben, da die Faktoren Temperatur und der globale Strahlungshaushalt nur am Rande benannt wurden. Es lohnt sich auf alle Fälle sich mehr mit diesem interessanten und komplexen Thema zu beschäftigen.

The climate in the tropics is very versatile and has certainly seen very differently. So play many components, such as the global radiation budget, the trade winds circulation system, the temperatures and rainfall conditions, a significant role. You must also be distinguished in the individual factors very carefully. The Passat circulation system that is crucial for the warm, damp and cold, dry winds depends on the global radiation budget. This means that the direct and indirect sunlight makes such a circulation system only. Furthermore, the precipitation conditions are considered particularly accurate, since they are crucial to the division between dry tropical and humid tropics. This fact is especially for agriculture and forestry, as well as important for tourism. Tourist in July in India will be very disappointed of their holidays because of the monsoon rains. And atmospheric features, such as the monsoon, are phenomena that can be considered so intense that just creating entire books are filled. In short, this homework shows only a superficial impression of the climate in the tropics, since the factors of temperature and global radiation budget were named only in passing. It is worthwhile in all cases to deal with this more interesting and complex topic.

9. Literaturverzeichnis

BANERJEE, B. K./STÖBER, G. (2009): Diercke Spezial: Südasien. Westermann. Braunschweig.

BORCHERT, G. (1993): Klimageographie in Stichwörtern. Gebrüder Bornträger. Berlin, Stuttgart.

GLASER, R./HAUTER, C./FAUST, D./GLAWION, R./SAURER, H./SCHULTER, A./SUDHAUS,D. (2010): Physische Geographie Kompakt. Spektrum Akademischer Verlag. Heidelberg.

GOUDIE, A. (2007): Physische Geographie : Eine Einführung. 4. Auflage. Spektrum Akademischer Verlag. München.

LAUER, W./BENDIX,J. (2006): Klimatologie. In: DUTTMANN, R./GLAWION, R./POPP, H./SCHNEIDER-SLIWA, R. (Hrsg.): Das Geographische Seminar. 2. Auflage. Westermann. Braunschweig.

LEMKE, P. (2010): Wind, Wasser und Wärme in der Luft. In: WEFER, G./SCHMIEDER, F: (Hrsg.): Expedition Erde: Wissenswertes und Spannendes aus den Geowissenschaften. 3. Auflage. Marum. Bremen.

MALBERG, H. (2007): Meteorologie und Klimatologie : Eine Einführung. 5. Auflage. Springer. Berlin, Heidelberg.

PFLUG, H. D. (2010): Leben mit den Naturgewalten : Eine Klimageschichte. In: Giessener Geologischen Schriften. Shaker Verlag. Aachen.

REHM, S. (1986): Grundlagen des Pflanzenbaues in den Tropen und Subtropen. In:

VON BLANCKENBURG, P./CREMER, H.-D (Hrsg.): Handbuch der Landwirtschaft und Ernährung in den Entwicklungsländern. 2. Auflage. Ulmer. Stuttgart.

SCHÖNWIESE, C.-D. (2008): Klimatologie. 3. Auflage. Eugen Ulmer. Stuttgart.

SCHOLZ, U. (1988): Agrargeographie von Sumatra. In: WEFER, G./SCHMIEDER, F: (Hrsg.): GIESSENER GEOGRAPHISCHE SCHRIFTEN. Selbstverlag des Geographischen Instituts der Justus Liebig – Universität Giessen. Giessen.

SCHOLZ, U. (1998): Die feuchten Tropen. In: GLAWION, R./LESER, H./POPP, H./ROTHER, K. (Hrsg.): Das Geographische Seminar. Westermann. Braunschweig.

WEISCHET, W./ENDLICHER, E. (2008): Einführung in die Klimatologie. Gebrüder Bornträger. Berlin, Stuttgart.

10. Abbildungsverzeichnis

Abb. 1 – Klimazone nach E. Neef : NEEF, E. (1989)
http://www.klett.de/sixcms/media.php/76/klimazonen_neef.jpg (30.10.2011)

Abb. 2 – World Map of Köppen-Geiger Climate Classification : KÖPPEN, W. P./GEIGER, R.
(2006): http://www.m-forkel.de/klima/grafiken/kottek_et_al_2006.gif (30.10.2011)

Abb. 3 – Klimate der Erde : SIEGMUND, A./FRANKENBERG, P.
(1999)http://www.diercke.de/bilder/omeda/501/100770_012_4.jpg (30.10.2011)

Abb. 4 – Hadley-Zelle : LUTERBACHER, J. (2010). Gießen.

Abb. 5 – Schema der globalen Zirkulation : LUTERBACHER, J. (2010). Gießen.

Abb. 6 – Passatzirkulation : HILBICH, C. (2006). Klett. Leipzig.
http://www.klett.de/sixcms/media.php/76/passatzirkulation.jpg (30.10.2011)

Abb. 7 – Intertropical Convergence Zone : HALLDIN, M. (2006).
http://upload.wikimedia.org/wikipedia/commons/d/d7/ITCZ_january-july.png (30.10.2011)

Abb. 8 – Gradnetz der Erde : Eigene Darstellung (2011). Nidda.

Abb. 9 – Klimakarte der Erde : PERTHES, J. (1997). Verlag Gotha. Gotha.
http://www.heltschl.org/1/pics/klimakarte_erde.jpg (30.10.2011)

Abb. 10 – Mittlere Jahresniederschläge und Niederschlagsverteilung : SCHOLZ, U. (1998):
Die feuchten Tropen. In: GLAWION, R./LESER, H./POPP, H./ROTHER, K. (Hrsg.): Das
Geographische Seminar. Westermann. Braunschweig.

Abb. 11 – Monsun : REITZKI, S./FORKEL, M. (2006). Klett. Leipzig.
http://www.klett.de/sixcms/media.php/76/monsun00.jpg (30.10.2011)